万物生长

平凡日常里的非凡植物

[菲]里兹·雷耶斯 文
[英]萨拉·博卡奇尼·梅多斯 图
邓早早 译

乐乐趣

西安出版社

献给我的朋友奥迪和我的侄子侄女们。

——里兹·雷耶斯

献给我的小向日葵杰娅。

——萨拉·博卡奇尼·梅多斯

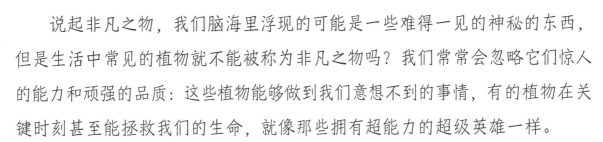

说起非凡之物，我们脑海里浮现的可能是一些难得一见的神秘的东西，但是生活中常见的植物就不能被称为非凡之物吗？我们常常会忽略它们惊人的能力和顽强的品质：这些植物能够做到我们意想不到的事情，有的植物在关键时刻甚至能拯救我们的生命，就像那些拥有超能力的超级英雄一样。

我慢慢长大，遇到的植物越来越多，也越来越能感受到它们的非凡之处：无法随意移动的植物每天都要应对生存的挑战，一年四季都在向人类展示惊人的生存能力，它们在不断适应环境的过程中积累了许多生存智慧。植物在我们周围生长和繁衍，为我们提供食物、庇护所，还有药物，这一切是多么令人敬佩呀！

这本书的每一页都在歌颂"非凡植物"的丰功伟绩，这些非凡植物维系着人类社会的发展，塑造着世界各地的文化。从野生物种到人工培育物种，书中介绍的每一种植物都平凡且独特。通过它们，我们可以重新认识早已司空见惯的水果、蔬菜和观赏植物，再次体味自然之美。

如果你想要亲手种植植物，那还需要不断地学习。在写这本书时，我常常惊讶地发现，我还有很多东西需要去了解。更重要的是，我重新燃起了探索这些植物的渴望。希望孩子们在阅读这本书时，能够找到心目中的非凡植物；而年龄大一点的读者也能受到感染，尽情地、真切地欣赏我们周围的自然世界，重新发现被遗忘的"植物英雄"。

——里兹·雷耶斯

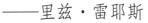

目 录

 2 → **薄 荷**
世界上最受欢迎的香草

 6 → **莴 苣**
百变蔬菜

 10 → **蘑 菇**
交友"达人"

 14 → **水 仙**
经历寒冬的花仙子

 18 → **凤 梨**
小动物的好伙伴

 22 → **番 茄**
翻身变成餐桌"宠儿"

26 → **苹 果**
平安果、禁果、毒苹果……

 30 → **甘 蓝**
富含维生素的"超级食物"

 34 → **胡萝卜**
不只有橙色

 38 → **芦 荟**
再干旱也不怕

 42 → **茶 树**
待客之王

 46 → **枫 树**
雄伟、坚韧又美丽

 50 → **竹 子**
浑身是宝

 54 → **南 瓜**
农作物的好伴侣

58 → **兰 花**
美丽与伪装并存

薄荷

世界上最
受欢迎的香草

薄荷受欢迎的原
因有很多。

不管你是睡眠不
好，还是胃不舒服，
薄荷都可以帮到你。

薄 荷
Mentha canadensis

薄荷坚韧、耐寒，不需要太多照料就能长得很好，它的香气能弥漫到花园的每个角落。

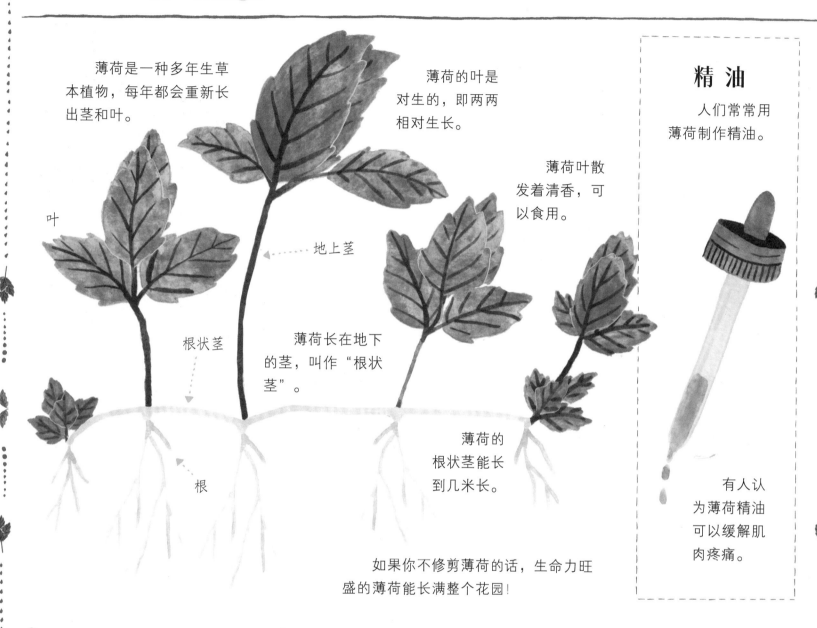

薄荷是一种多年生草本植物，每年都会重新长出茎和叶。

叶

根状茎

根

地上茎

薄荷长在地下的茎，叫作"根状茎"。

薄荷的叶是对生的，即两两相对生长。

薄荷叶散发着清香，可以食用。

薄荷的根状茎能长到几米长。

如果你不修剪薄荷的话，生命力旺盛的薄荷能长满整个花园！

精 油

人们常常用薄荷制作精油。

有人认为薄荷精油可以缓解肌肉疼痛。

良药不再苦口

常见的薄荷有留兰香和辣薄荷。作为气味芳香、有疗愈作用的植物，这两种薄荷经常用来给很苦的药物调味。

留兰香可以用来做酱料和口香糖。

它的薄荷醇含量很低，只有不到1%，所以它的味道比较温和。

辣薄荷能用来做口味独特的茶和薄荷糖。

它含有约40%的薄荷醇，薄荷味更浓烈。

认识唇形科植物

薄荷属于唇形科，它的近亲有罗勒、迷迭香，以及薰衣草、鼠尾草等。鼠尾草的品种很多，有的是可以食用的香草，有的是用于观赏的花卉。

鼠尾草

鼠尾草花朵美丽，叶片散发着浓郁的香气，是很受欢迎的观花植物。

鼠尾草

明显的特征

唇形科植物很容易识别，因为它们都散发着香气。摸一摸这些植物的茎，你会发现它们是有棱的。

罗 勒

一种流行的香草，在意大利美食中尤为重要。

罗勒

迷迭香

迷迭香

迷迭香的线形叶子很漂亮，能给烤土豆增添不少风味。

薰衣草

薰衣草香气袭人，可以做香皂和香水。

薰衣草

撒尔维亚

撒尔维亚

散发着麝（shè）香气味的撒尔维亚是一种食用型鼠尾草，可以用来做香肠。

薄荷的栽培史

薄荷生长在世界各地，它在古代欧洲和阿拉伯文化中尤其重要。

为了让自己闻起来香香的，古希腊人会用薄荷叶擦拭手臂。

把薄荷泡在开水里，既好喝又健康。

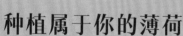

薄荷的拉丁学名取自希腊神话中的仙女门塔，她惹怒了冥后，被变成了一株薄荷。

古罗马人用薄荷给洗澡水调香，给食物添味。

几百年来，北非等地的人们一直保留着用清爽的薄荷茶待客的传统。

种植属于你的薄荷

薄荷很容易种！如果你知道谁家种了薄荷，可以问问他们是否愿意挖一株送给你。

- 种薄荷最简单的方法，就是把幼苗栽到施了堆肥的土壤中，保证有充足的阳光和水分就行了。

- 另一种方法是扦（qiān）插。取一根约10厘米长的地上茎，去掉底部的叶子，然后放进水瓶里。当茎的底部长出新的根时，一株全新的薄荷就诞生了。把这株新的薄荷种到花盆里，好好享受这个过程吧！

- 当薄荷开始长新叶时，可以掐掉顶芽。这样会有更多的叶子长出来，让薄荷更加茂盛。

莴苣

百变蔬菜

莴苣（wō jù）种类繁多，形态各异，任你挑选种植。

人们选择莴苣的品种时，看中的是它们美味的叶子，但有些莴苣的茎也很好吃。

莴苣
Lactuca sativa

莴苣根据叶的生长形态可以分为直立生菜、结球生菜和皱叶生菜，我们一般会吃这些莴苣的叶子，所以它们是叶用莴苣。有可食用茎的茎用莴苣是从结球生菜演变来的，通称为莴笋。

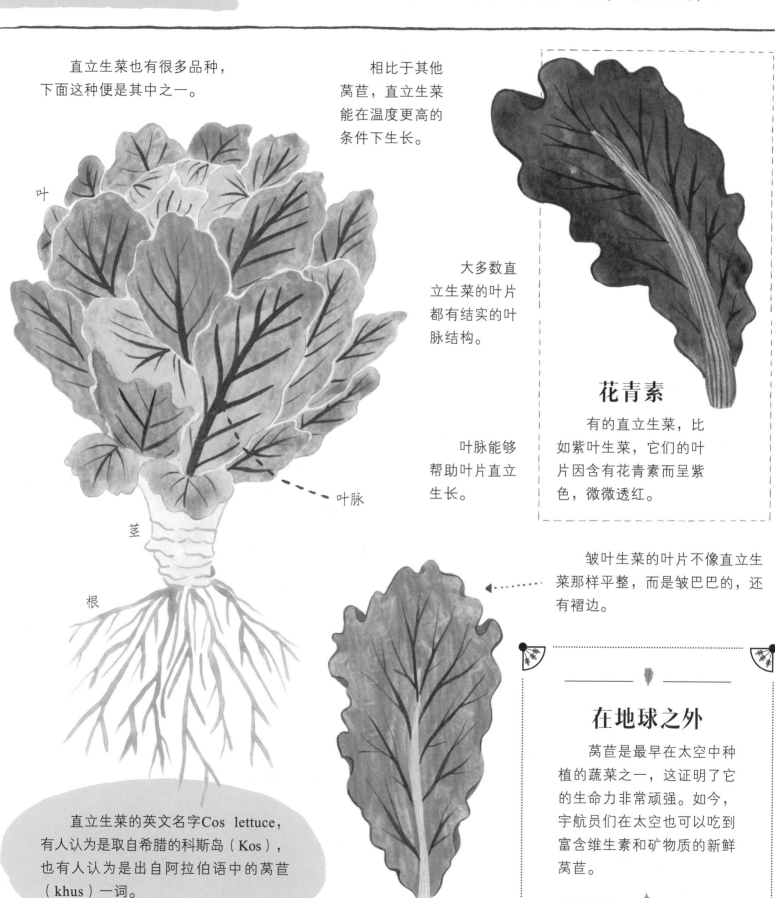

直立生菜也有很多品种，下面这种便是其中之一。

相比于其他莴苣，直立生菜能在温度更高的条件下生长。

大多数直立生菜的叶片都有结实的叶脉结构。

叶脉能够帮助叶片直立生长。

叶

茎

根

叶脉

花青素

有的直立生菜，比如紫叶生菜，它们的叶片因含有花青素而呈紫色，微微透红。

皱叶生菜的叶片不像直立生菜那样平整，而是皱巴巴的，还有褶边。

在地球之外

莴苣是最早在太空中种植的蔬菜之一，这证明了它的生命力非常顽强。如今，宇航员们在太空也可以吃到富含维生素和矿物质的新鲜莴苣。

直立生菜的英文名字Cos lettuce，有人认为是取自希腊的科斯岛（Kos），也有人认为是出自阿拉伯语中的莴苣（khus）一词。

认识菊科植物

莴苣是菊科植物大家庭中的一员，它的大部分近亲都是开花植物，例如菊花、大丽花、向日葵等花卉，以及菜蓟（jì）等蔬菜。

菜蓟

菜蓟长得亭亭玉立，它的花苞可以食用。

菜蓟

菊花

菊花

菊花是一种非常受欢迎的、能开很久的鲜切花。

蒲公英

蒲公英的果实会随风飘散。蒲公英的叶子看上去和莴苣的叶子有几分相似，可以食用。

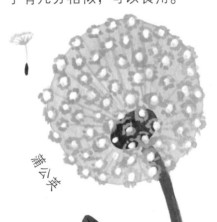

蒲公英

向日葵

向日葵

在成熟之前，向日葵的花盘总是朝向太阳。它的一个花盘可以结上千粒果实。

雏菊

雏菊

雏菊的花是头状花序，花序托上生长着很多小花，聚成头状。

种植属于你的莴苣

莴苣并不难种，关键在于控制温度。

- 早春时节，把小小的莴苣种子播撒进地里或花盆里。注意保持土壤湿润，直到种子发芽。

- 如果莴苣幼苗长得太拥挤，你要小心地拔掉一些，让剩下的幼苗有足够的空间生长。在吃上大棵的莴苣之前，你可以先吃这些被拔掉的莴苣幼苗。

- 如果莴苣的生长环境升温太快，它就会"抽薹（tái）"，提早开花结籽，叶子变得苦涩。

- 你可以在一年中不同的时节栽种品种各异的莴苣，这样你就一年四季都有莴苣吃了。

莴苣的栽培史

目前已知最早种植莴苣的是古埃及人，他们用莴苣种子榨油。

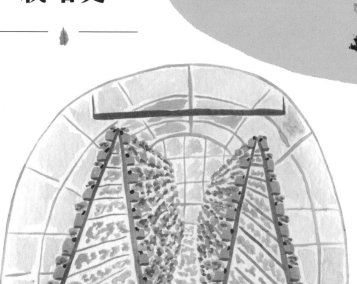

过去，莴苣不易长时间储存，所以很难长距离运输，只有在应季时才能买到。现在，利用新的栽培技术种出的莴苣可以储存得更久，运输得更远。

人们可以利用水培法，在营养液中全年种植莴苣，而不需要土壤。为了节省空间，有的农场还会在架子上种植莴苣！

莴苣传入古希腊后，成为药用植物。

古罗马人很喜欢吃莴苣的叶子，因此培育出了大叶子的"萝蔓莴苣"，也就是直立生菜。

莴苣的英文名Lettuce源于它的罗马名字Lactuca。

在拉丁语中，Lactuca的意思是牛奶，形容切莴苣时流出的白色汁液很像牛奶。

然后，莴苣一路向东传入亚洲，这里的人们更喜欢吃莴苣的茎而不是叶，因此培育出许多新品种，例如莴笋。

后来，新品种的莴苣开始出现。15世纪末，这种多叶蔬菜又传入美洲。

蘑菇

交友"达人"

为什么蘑菇
有那么多朋友？
因为它是真
菌——真有趣的
菌类！

不是开玩笑哟，虽然蘑菇不是植
物，但它与植物的交流方式使它成为
大自然中非常会交朋友的生物。

蘑 菇
Agaricus bisporus

蘑菇喜欢建设"小团体"。它们的菌丝像卷曲的根一样遍布地下。蘑菇可以分解木质素等物质，使土壤变得肥沃，供植物生长。

蘑菇头上顶着的圆圆的盖子，叫作"菌盖"，下面起支撑作用的是"菌柄"。

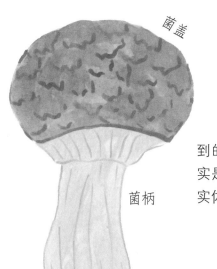

菌盖

菌柄

我们看到的蘑菇其实是它的子实体部分。

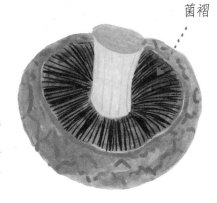

菌褶

菌盖下薄薄的褶皱，叫作"菌褶"。

交朋友

所有蘑菇都是真菌，而且大多数蘑菇都是菌根真菌，能与植物的根形成菌根，互利共生。它们的菌丝分布在植物根的内部或周围，能从土壤中汲取水分和养分，再输送给植物。作为回报，植物会向蘑菇提供重要的有机物，如糖类。

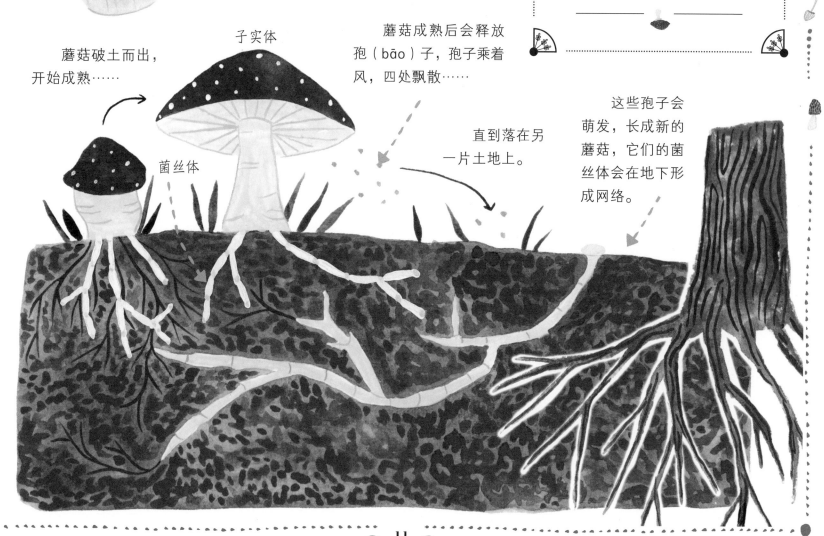

蘑菇破土而出，开始成熟……

子实体

菌丝体

蘑菇成熟后会释放孢（bāo）子，孢子乘着风，四处飘散……

直到落在另一片土地上。

这些孢子会萌发，长成新的蘑菇，它们的菌丝体会在地下形成网络。

认识真菌

蘑菇来自庞大的真菌界。真菌界成员众多，这些成员有的能救命，有的却能夺人性命。因此碰到蘑菇时一定要小心。

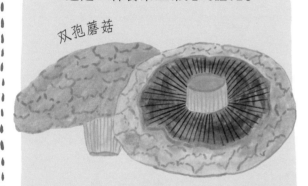

双孢蘑菇

这是一种餐桌上常见的蘑菇。

双孢蘑菇

不同生长阶段的双孢蘑菇有不同的名字：年幼的叫"白纽扣"；长大些会变成褐色，叫"小褐菇"；而完全成熟的叫"大褐菇"。

黑松露

生长在地下靠近树根的地方。

黑松露

黑松露作为珍稀的食材，价格不菲。

毒蝇伞

毒蝇伞

一种含剧毒的蘑菇。

真菌界

真菌无法通过光合作用获取能量，只能从周围环境中汲取养分，它们不是植物，而是自成一界。

米麹菌

米麹（qū）菌在日本酿造业中被广泛应用，常常用来制作清酒、酱油、味噌等。

米麹菌

青霉菌

青霉菌是一种了不起的真菌，有的用于生产拯救生命的抗生素，有的用来制作奶酪。

青霉菌

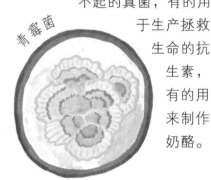

种植属于你的蘑菇

蘑菇有自己独特的生长方式。它们不是从种子长成的，而是由小小的孢子发育而成的。

- 在野外，蘑菇释放孢子，去寻找新的家园。它们几乎可以生长在任何地方——草地、倒下的枯木上，甚至粪堆上。

- 要想亲手种植可食用的蘑菇，你可以购买模仿自然环境的材料包。蘑菇的生长需要合适的基质，材料包里一般有适合蘑菇生长的木屑、锯末等东西。

- 你要按照材料包的说明来种蘑菇，因为不同材料包的使用方法会有差异，但基本上像照顾植物一样照顾蘑菇就行了，保持空气流通，定期浇水。

- 记住，一定要确保你种的蘑菇是可食用的。它们会长得非常快，观察它们的生长过程很有趣，把它们吃进肚子里也很令人开心！

蘑菇的栽培史

自古以来，蘑菇身上总是充满着神秘的气息。它们虽然美味，但有的却是致命的。

蘑菇能在一夜之间长大。一些地方流传着与这种现象有关的民间故事。

松露是令人垂涎的稀有蘑菇。人们曾专门训练猪，让它们去搜寻长在树根附近的松露。

蘑菇有时会围成一个圆圈生长，欧洲人把蘑菇圈称为"仙女环"。

蘑菇在亚洲已经有1000多年的培育历史了。中国是世界上最大的食用菌生产国。

1650年左右，法国农民开始在马粪堆里种植蘑菇。

你可以尝试在家里种植的蘑菇品种：

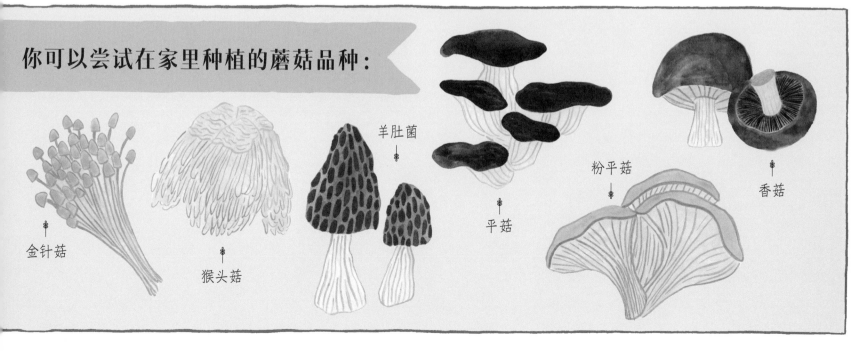

金针菇

猴头菇

羊肚菌

平菇

粉平菇

香菇

水仙

经历寒冬的花仙子

水仙花开预示着春天即将来临。

随着天气渐暖，白昼变长，水仙花吹着小喇叭，笑意盈盈地迎接春天的到来！

水仙
Narcissus tazetta var. chinensis

水仙外观清秀，花形奇特，气味芳香，花期较长，具有很高的观赏价值。它可以成片散植于林下、水畔，也可以点缀于室内的案头、窗台，能适应多种生长环境。

抗癌

从水仙的鳞茎中可以提取一种化合物，科学家正在研究它能否用于治疗癌症。

水仙很容易种植，它是多年生植物，每年都会重生。

花瓣

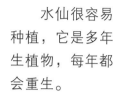

早春，水仙开花。

副花冠

茎

冬天，水仙生根……

秋天，播种鳞茎……

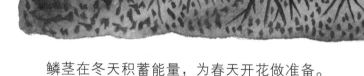

鳞茎在冬天积蓄能量，为春天开花做准备。

叶

许多癌症协会会以水仙的形象作为标志，因为它代表希望。

鳞茎

古老的神话

在古希腊神话中，那喀索斯（Narcissus，也是水仙的拉丁名）是个美少年，他爱上了自己在水中的倒影，便不愿离去，直到气竭倒下。不久，他死去的地方长出了水仙花。

根系

认识石蒜科植物

雪滴花

雪滴花不畏春寒，每年都会在早春时节开放。

石蒜科植物是一类美丽的开花植物。这类植物中有许多是由贮存养分的鳞茎发芽长成的。

洋葱

洋葱的鳞茎是可食用的。如果任其生长，它也会开出美丽的花。

洋葱

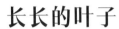

长长的叶子

大多数石蒜科植物的花有六片花瓣，叶子呈长条状。

朱顶红

蒜

它可食用的鳞茎是世界各地的人们都会用到的烹饪食材。

蒜

北葱

北葱细长的叶子可以食用。

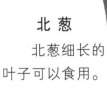

北葱

朱顶红

人们常在室内种植朱顶红，盛开的朱顶红色泽十分艳丽。通过人为干预，可以改变它的开花时间。

水仙的栽培史

最早记录水仙的人可能是古希腊植物学家和哲学家特奥夫拉斯图斯，他记录了他在野外看到的水仙。

后来，水仙成为全欧洲流行的花园植物，出现在许多绘画和诗歌中。

复活节是基督徒庆祝耶稣复活的节日，寓意重生的水仙也成为复活节的一个标志。

早在1 000多年前，水仙就已传入亚洲。它开放的时节正值中国农历新年，因此在中国文化里，水仙寓意吉祥如意。

19世纪，荷兰人培育水仙的水平居世界前列。后来，水仙的鳞茎被运到了英国和北美。直到今天，那些水仙的后代依然盛开在美国东海岸和东南部的古老农场里。

种植属于你的水仙

按照下面这种方法在室内种水仙，能让它提早开花，提前为你带来芬芳。

- 找一个能盛水的浅浅的容器，在底部铺一层小石子，2~3厘米深即可。将水仙的鳞茎摆放到小石子上，尖头向上，然后在鳞茎之间也放上小石子。

- 找一些40~50厘米长的树枝，把它们插在鳞茎和小石子之间。往容器中加水，没过鳞茎底部，然后把容器端到阴凉的地方。大约2~3个星期后，水仙就会生根。

- 水仙生根后，把容器搬到明亮的窗台上，必要时添水。插在容器里的树枝会帮助水仙花向上开放，让你更好地欣赏它们。

- 沁人心脾的水仙可以通过人为干预，在12月就早早开放。

凤梨

小动物的好伙伴

不管凤梨科植物长在哪里，它们都会对小动物们施以援手。

它们会给小动物们提供休息、吃喝，甚至居住的地方！

凤梨
Ananas comosus

凤梨是凤梨科植物中最有名的成员之一。它有着大多数凤梨科植物的共同特征——坚硬带刺的叶子，但这并不妨碍它与各种各样的动物成为好朋友。

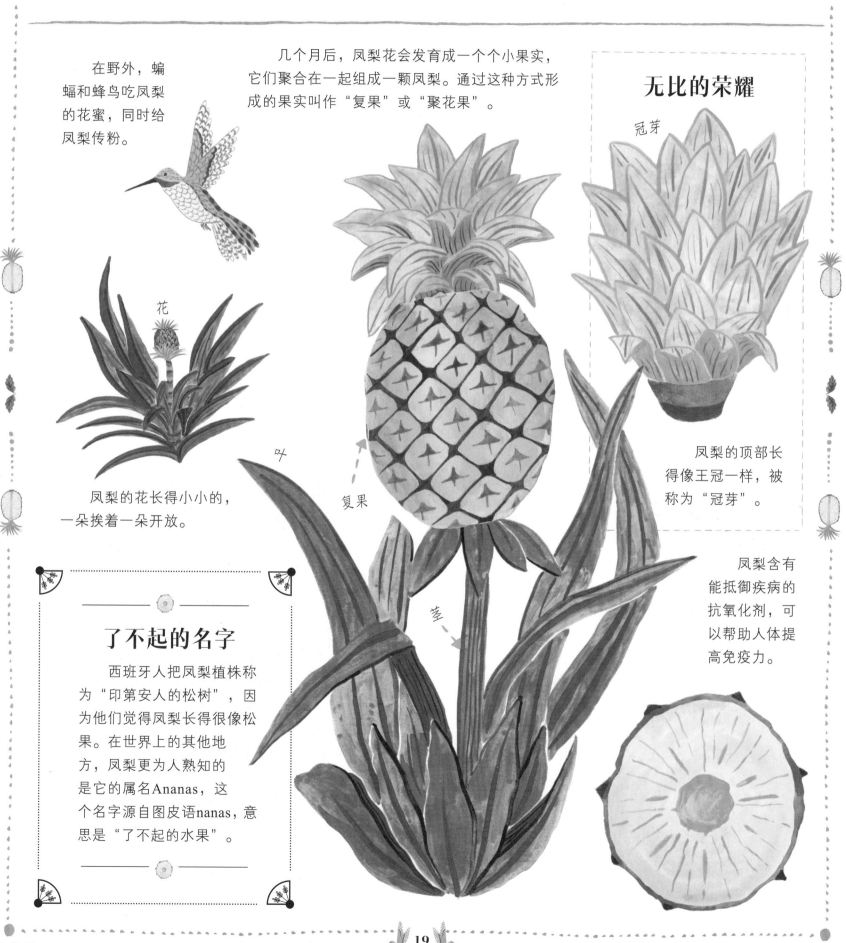

在野外，蝙蝠和蜂鸟吃凤梨的花蜜，同时给凤梨传粉。

花

凤梨的花长得小小的，一朵挨着一朵开放。

几个月后，凤梨花会发育成一个个小果实，它们聚合在一起组成一颗凤梨。通过这种方式形成的果实叫作"复果"或"聚花果"。

叶

复果

茎

无比的荣耀

冠芽

凤梨的顶部长得像王冠一样，被称为"冠芽"。

凤梨含有能抵御疾病的抗氧化剂，可以帮助人体提高免疫力。

了不起的名字

西班牙人把凤梨植株称为"印第安人的松树"，因为他们觉得凤梨长得很像松果。在世界上的其他地方，凤梨更为人熟知的是它的属名Ananas，这个名字源自图皮语nanas，意思是"了不起的水果"。

认识凤梨科植物

凤梨科植物约有2000种，大多生长在热带和亚热带地区，比如美国南部和整个中、南美洲。

铁兰

铁兰又名"空气草"，可以在极度干旱的环境中生存，是很好的家养盆栽植物。只是要小心那些想吃它叶子的宠物！

阿比达

空气凤梨

许多凤梨科植物是附生植物或气生植物。它们不需要土壤，而是长在树上或岩石上，靠叶子上的毛状体结构吸收空气中的水分和养分。

彩叶凤梨

彩叶凤梨的叶子有漂亮的颜色，比如图中的绿斑凤梨。彩叶凤梨是"积水凤梨"，因为它们的叶丛中央会积聚雨水，像个小水塘。一些箭毒蛙会在这里产卵，卵孵化成蝌蚪后也会一直住在这里。

松萝凤梨

松萝凤梨也叫作"西班牙苔藓"。但它不是苔藓哟，它是一种空气凤梨。莺等鸟类喜欢在它细长卷曲的茎叶里筑巢。

松萝凤梨

绿斑凤梨

蝌蚪的排泄物也会为凤梨提供养分。

凤梨的栽培史

凤梨原产自巴西、巴拉圭和阿根廷境内的巴拉那河周边地区。

后来，中美洲、墨西哥等地的原住民开始种植凤梨。

到了16世纪50年代，葡萄牙殖民者将凤梨从巴西引入印度。

如今，凤梨在世界各地都有种植。最大的凤梨生产国包括哥斯达黎加、菲律宾、巴西、印度尼西亚等。

18世纪，凤梨成为备受欧洲贵族喜爱的时髦水果，他们不惜花重金建造温室种凤梨。

16世纪前后，西班牙殖民者将凤梨引入菲律宾；到了19世纪，又将它引入夏威夷。

种植属于你的凤梨

由于凤梨适应了热带气候，想在室外种植会比较困难。不过，有一个可以在室内种凤梨的妙招！

- 你可以把凤梨绿色的顶部——它的冠芽保存起来，这样你就可以种出一棵新的凤梨。只需握住冠芽，把它从凤梨上拧下来就行。

- 将冠芽最下面的叶子一片一片剥掉，露出5厘米左右的基部。你会看到一些棕色的小疙瘩，以后根会从这里长出来。

- 接下来，你需要把处理好的冠芽放在阳光下晒几天。

- 然后，将晒好的冠芽泡在一罐温水中，每两天换一次水。

- 凤梨的根长三四个星期后，找一个好看的大一点的花盆，用盆栽混合土把凤梨种起来，放在阳光充足的地方。两个月后，冠芽上就会长出新叶子。

番茄

翻身变成
餐桌"宠儿"

摘下一颗
番茄，享受它
酸甜可口的滋
味，还有比这
更令人快乐的
事吗？

但想收获番茄，你得先了解一
下它是怎样结出来的。

番茄
Solanum lycopersicum

像许多植物一样，番茄需要先开花，花经过授粉后，才会结出果实。一棵番茄植株完成授粉后，一般能结出几千克的果实。

通常情况下，植物靠传粉者（如蜜蜂）将花粉从一棵植物传到另一棵植物。

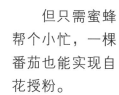

但只需蜜蜂帮个小忙，一棵番茄也能实现自花授粉。

浆果

番茄由花的子房发育而成，包含种子和果肉，因此植物学家认为番茄是一种浆果。

每朵番茄花都有雌蕊和雄蕊。

来访的蜜蜂将花粉从雄蕊上震落。

柱头

雄蕊

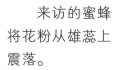

子房

花粉掉落在柱头（雌蕊的顶部）上之后会萌发，向下长出花粉管，花粉管能直通子房（雌蕊的底部）。

授粉过后，番茄植株就可以孕育果实了。

微风吹

有的番茄全年都在温室中生长。温室中的番茄植株开花后，人们就用风扇和振动装置使花粉从雄蕊上脱落，帮助它们授粉。

认识茄科植物

番茄是茄科的成员。这类植物在中美洲和南美洲广泛分布。

危险的近亲

少数茄科植物的果实等可以当作水果和蔬菜食用，它们在超市里很常见。但也有一些茄科植物是有毒的，甚至是致命的。

茄子

茄子可食用，它有着紫色的外皮，胖乎乎的身体捏起来软软的，有点像海绵。

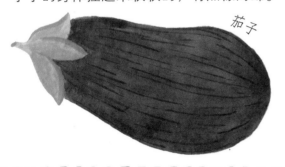
茄子

辣椒

辣椒有许多品种，比如甜甜的菜椒和辣味十足的小米辣。

小米辣

菜椒

土豆

土豆花的形状很像番茄花……

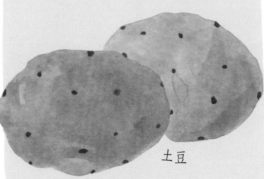
土豆

但土豆可食用的部分长在地下，是含淀粉的块茎。

致命的颠茄

颠茄是一种含剧毒的植物，遇见它千万不要靠近。

颠茄

种植属于你的番茄

樱桃番茄又叫"圣女果"，它大概是最容易种的一种番茄。

- 将种子撒在一个装了土的花盆里，然后把花盆摆放在阳光充足的窗台上，并给它浇水。

- 等到圣女果苗长出两片完整的叶子后，看看天气是否暖和，再决定是否把幼苗种到户外，圣女果可不耐低温哟！

- 圣女果幼苗需要充足的阳光，还有结实的支架。它会攀住支架，向上生长。

- 掐掉叶子和茎之间长出的侧芽。

- 每隔几星期给圣女果施一次肥。如果阳光充足，6个星期后你的圣女果就会长得很高大了。

- 当花开始发育成果实的时候，摘掉一些老的、靠近根部的叶片，能加速果实成熟。

番茄的栽培史

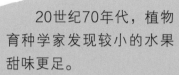

人们普遍认为，番茄最早是在南美洲被发现的，随后才在中美洲各地种植。番茄的英文名字Tomato来自纳瓦特尔语的tomatl。

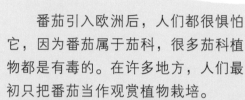

20世纪70年代，植物育种学家发现较小的水果甜味更足。

他们培育出许多易于包装和运输的小番茄品种，其中的圣女果后来风靡全世界。

番茄引入欧洲后，人们都很惧怕它，因为番茄属于茄科，很多茄科植物都是有毒的。在许多地方，人们最初只把番茄当作观赏植物栽培。

美国第三任总统托马斯·杰斐逊使番茄在美国大受欢迎，他在蒙蒂塞洛的菜园种植了番茄。

但渐渐地，一些具有冒险精神的人开始食用番茄，番茄最终获得了欧洲人的信任，在温和的地中海气候下茁壮生长。

番茄酸度高，会和当时常用的含铅的锡制餐具发生化学反应，导致用餐者铅中毒。这进一步损害了番茄的声誉。

你可以尝试在家里种植的番茄品种：

原种番茄

历史悠久、风味极佳的传统番茄品种，有多种颜色、形状和大小。

李形番茄

种子很少的番茄品种，可以制作成鲜美的酱汁。

黄樱桃番茄

这种番茄是黄色的，缺少能使自己呈现红色的基因。

黑樱桃番茄

能为沙拉增添色彩和风味。

牛排番茄

因果肉厚实而得名。

苹果

平安果、禁果、
毒苹果……

在人类历史上，
很少有水果能像苹果
这样广受欢迎。

但在许多文化中，
苹果常常被描述成神秘
之物或禁忌之物。

苹果
Malus pumila

苹果酸甜适口，营养丰富，且平价易得，很多人走亲访友或探望病人时都会选择带上一篮新鲜的苹果，为对方送去平安、健康的祝福。

今天，人们已经培育出几千种苹果。

许多苹果品种是在自然突变中产生的。

一棵苹果树上可以结出外观和口味完全不同的苹果！

嫁接

由种子种出的苹果树，通常结不出和原来一样的苹果。为了确保苹果的口味不变，你得采用古老的方法——嫁接。嫁接苹果树，就是把从一棵苹果树上剪下来的枝条小心地固定在另一棵苹果树上。这段枝条上会长出新的枝条，结出你想要的苹果。

苹果树的生命循环：

种子

树苗

大树

发芽

苹果树是落叶植物，春天开花，夏天结果，秋天落叶。

结果

开花

苹果的故事

在中国，苹果因为名字中的"苹"与"平"谐音而有了平安的寓意；在童话世界中，格林兄弟讲述了白雪公主吃下毒苹果的故事；许多人会把《圣经》中亚当和夏娃故事里的"禁果"描述成苹果……你瞧，这种小小的水果也有着丰富的文化内涵。

认识蔷薇科植物

苹果属于蔷薇科，这类植物包括草本植物、灌木和乔木，例如草莓、月季和梨树。

数到5

识别野生蔷薇科植物的一个方法是数数！它们的花通常有5个萼片和5个花瓣，花中间还有很多雄蕊。

野黑樱桃

草莓

草 莓

传说，心形的红色草莓是爱神维纳斯的象征。

刺蔷薇

野玫瑰

刺蔷薇也叫"野玫瑰"，生长在北美洲的森林中。加拿大的艾伯塔省被称作"野玫瑰之乡"。

野黑樱桃

野黑樱桃吃法多样，既可以生吃，也可用于制作果酱、果冻、馅饼或糖浆。

从种子开始，种植属于你的苹果树

如果你想用种子种苹果树，请做好心理准备，因为结出的苹果很可能和原来的不一样。

- 从苹果核里小心地收集棕色的种子，只留下最大的那几粒，把它们放入一个装了水的杯子里。

- 扔掉浮在水面上的种子。只有沉到水底的种子才有可能发芽。

- 捞出沉到水底的种子，放在湿纸巾上，装入一个塑料袋里。

苹果的栽培史

我们今天吃的苹果起源于中亚的野生苹果。在中亚地区，不同品种的苹果常常自然杂交。

丝绸之路是中国古代经中亚通往南亚、西亚及欧洲、北非的陆上贸易通道。商人们沿途丢弃或种下苹果核，它们长成苹果树并不断杂交。

19世纪70年代，美国艾奥瓦州的一个农民发现一种突变的苹果，它就是后来主宰市场的美味的红苹果。

后来，在日本藤崎，这种红苹果又与另一种古老的苹果杂交，结出了今天流行的富士苹果。

17世纪，欧洲殖民者将苹果种子带到了北美洲，开始在这片土地上营建苹果园。

而在新英格兰殖民地，人们种苹果最初并不是为了吃，而是为了将它们榨成汁制作苹果酒。

当时美国已经有本土的苹果树了，但结的果子个头较小，叫作"野苹果"。

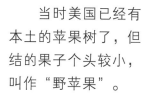

- 把塑料袋放进冰箱里，冷藏3个月左右。这是在模拟冬天的生长环境，苹果种子的萌发需要经历这样一段低温期。

- 然后，将苹果种子播撒到花盆里，盖上约1厘米厚的土。

- 多让它们晒晒太阳，给它们浇浇水。几个星期后，你就能看到幼苗冒出来。

- 早春时节，将你的树苗移种到室外，可以种在地里或更大的花盆中。用支架把树苗支撑起来。如果有小动物在附近，用护栏把树苗保护起来。要记得每星期给它们浇一次水。

- 只要你细心呵护，耐心等待，你的小树苗几年后就会长成一棵能结出果实的苹果树！

甘蓝

富含维生素的"超级食物"

不论是生吃还是熟食，甘蓝都能为人体提供丰富的维生素A、维生素C、维生素K、钙和纤维素。真不愧是"超级食物"！

甘蓝
Brassica oleracea

超级食物甘蓝有一项超能力，那就是耐零摄氏度以下的严寒。严寒可以改善某些甘蓝品种的味道，让它们吃起来更甜。

甘蓝几乎全株都可以食用，而且营养丰富。

叶

人们最常吃的部分是它的叶片。

茎

坚韧的甘蓝茎可以做成腌菜和菜泥，或榨汁制作混合饮料。

甘蓝有各种各样的形状、大小和颜色。

抽薹

抽薹是植物即将开花的阶段，也是它完成生命周期的关键时刻。在开花前掐掉花蕾，可以帮助植物长出新的叶子。

花

掐掉的花蕾也不能浪费，你可以吃掉它们。

有益健康

美味的甘蓝富含抗氧化剂，可以保护人体细胞，预防重大疾病。在苏格兰有这样的俚语，如果有人病得连饭都吃不下了，就会说他的"甘蓝没了"。

卷心绿甘蓝

卷心红甘蓝

卡沃洛·内罗黑甘蓝

"救命粮"甘蓝

俄罗斯红羽衣甘蓝

认识十字花科植物

甘蓝属于十字花科，同科的还有西蓝花、花椰菜、萝卜、辣根、白芥等蔬菜，以及用来榨油的油菜。

擘蓝

有着厚厚蜡质表皮的擘（bāi）蓝，是补充维生素C的绝佳食物。

擘蓝

花椰菜

花椰菜富含一种叫作"萝卜硫素"的抗氧化剂，有抗癌的功效。

花椰菜

罗马花椰菜

这种花椰菜外形独特，许多小花聚集在一起像一座座尖尖的宝塔。它富含维生素C。

罗马花椰菜

芥蓝

芥蓝也叫"中国西蓝花"，是叶酸的重要来源，纤维素含量很高。

芥蓝

出色的甘蓝

2000多年来，人们用甘蓝培育出了很多蔬菜品种。西蓝花、花椰菜、羽衣甘蓝、抱子甘蓝和擘蓝，这些蔬菜看起来差别很大，但其实它们都是由甘蓝培育而来的。

甘蓝的栽培史

甘蓝最初是古希腊和古罗马的一种蔬菜。后来，它在北欧和中欧较冷的地区以及亚洲各地流行起来。在这些地方，只有耐寒的作物可以在冬季收获。

据说在16世纪，甘蓝传入了加拿大。

冬天，甘蓝会长出五颜六色的叶子，因此在20世纪的大多数时候，北美洲的人们把它当作观赏植物。

在第二次世界大战期间，英国面临粮食短缺的危机，耐寒且营养丰富的甘蓝成为一种极其重要的食物。

20世纪90年代，美国人发现甘蓝富含营养物质，甘蓝因此成为一种受人们喜爱的"超级食物"。

种植属于你的甘蓝

你可以用种子来种出甘蓝。种子发芽后不久，你就可以收获美味的甘蓝。但如果你想吃一顿大餐，就需要多点耐心……

- 春天或初夏，拿一个装着土的花盆，把甘蓝种子撒在土壤表面，再盖上一层薄薄的土，缓缓地给它们浇水，然后把花盆移放到室内靠近窗户的地方，静静地等待种子发芽。

- 甘蓝刚发芽时，你会先看到两片子叶。

- 不久后，真正的甘蓝叶会从两片子叶中间长出来。

- 这个时候的甘蓝就可以吃啦。但如果你想吃更多、更大的叶子，就必须采取下一步行动。把甘蓝放在窗台上，给它们浇水，等待叶片长高。

- 当甘蓝的小苗开始长得拥挤时，把它们从花盆里挖出来，小心地分到几个大一点的盆里，或者种到花园里。几周后，你就可以采摘底部的大叶子了，这样上面的叶子就会长得更大，并不断地长出可以吃的新叶子！

胡萝卜

不只有橙色

你还记得小时候吃的第一种蔬菜是什么吗？很有可能是胡萝卜！

胡萝卜甜脆可口，是深受人们喜爱的一种蔬菜，世界各地的餐桌上都少不了它。

胡萝卜
Daucus carota var.sativa

胡萝卜很容易种，还可以存放很长时间，所以我们全年都能吃到它。另外，胡萝卜运输方便，在不产胡萝卜的地方，人们也能吃到它！

几千年前，人们最早发现野生胡萝卜时，先食用的是它芳香的叶子。

根

叶

肉质根

现在人们最常吃的部分是胡萝卜的肉质根。

肉质根不断向下生长，逐渐变粗。

五彩缤纷的胡萝卜

胡萝卜有很多种颜色。"花青素"这种植物色素让胡萝卜呈红色、紫色，甚至黑色，而"胡萝卜素"则把胡萝卜的颜色调成了我们最常见的橙色。胡萝卜还有白色和黄色的。

未被采收的胡萝卜会开花、结种子。

胡萝卜的花小小的，聚在一起形成伞形花序。

胡萝卜的6种吃法

胡萝卜是吃法最多的蔬菜之一。下面是6种食用胡萝卜的方法。

生吃刚从菜园拔的胡萝卜。

榨成健康的胡萝卜汁。

腌制成酸甜可口的泡菜。

切成胡萝卜丁，做一锅炖菜。

烤成美味的蛋糕。

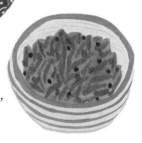

切成胡萝卜丝，拌在沙拉里。

认识伞形科植物

胡萝卜属于伞形科。如果这个名字让你联想到一把伞，那就对了！观察这类植物的花，你会发现它们聚在一起就像一把把小伞，因此被称为"伞形花序"。

安妮女王的蕾丝

这种具有典型伞状花的植物也被叫作"野胡萝卜"。

安妮女王的蕾丝

芹菜

香草和香料

伞形科植物在烹饪中各显神通。芹菜的叶柄可以当作蔬菜食用，香菜是常见的香草，茴香、莳（shí）萝、欧芹、葛缕子和孜然都是风味独特的香料。

欧芹

毒芹

毒芹很容易与欧芹混淆。

毒芹

千万不要触摸这种植物，它的每个部分都有毒。

欧防风

欧防风

在欧防风长长的肉质根上抹点蜂蜜，然后烤着吃，十分美味。

胡萝卜的栽培史

胡萝卜原产于地中海地区。当时人们只吃胡萝卜的种子和芳香的叶子。

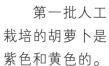

野胡萝卜长着白色的肉质根。

第一批人工栽培的胡萝卜是紫色和黄色的。

胡萝卜的新品种不断出现，它们往往更大、更长，味道也更好。

16~17世纪，荷兰人培育出了比黄色胡萝卜颜色更深、味道更甜的橙色胡萝卜。

法国人培育出了南特斯型、钱特内型等许多现代的胡萝卜品种。

中国人种植胡萝卜的历史可以追溯到西汉时期，出使西域的张骞将胡萝卜带回了中国。今天，中国成了全球最大的胡萝卜生产国。

胡萝卜喜欢深一些的花盆或土壤深厚的苗圃，这样它们才有空间长出甜甜的肉质根。

- 首先，确保土壤疏松，没有大石块。将一半胡萝卜种子撒在土壤上，轻轻用土盖上，发芽前保持土壤湿润。

- 几个星期后，把剩余的种子也种上。这种种植技术叫作"连作"，能让你在更长一段时间内吃上新鲜的胡萝卜。

- 胡萝卜苗长出来后，可能会遭受胡萝卜茎蝇幼虫的侵害，它们会破坏美味的肉质根。为了预防胡萝卜茎蝇幼虫的破坏，可以用农用地膜盖住胡萝卜苗。

- 胡萝卜苗长得过密时，需要拔掉一些，让植株相距约3~4厘米，这个种植技巧叫作"间苗"。如果不间苗，你的胡萝卜可能会长得很小，因为它们没有足够的空间长成大胡萝卜。

- 播种12~16周后，你就可以拔胡萝卜吃啦！你是想先来一盘脆生生的胡萝卜沙拉，还是想先来一碗香喷喷的胡萝卜浓汤？如果你恰好养了一只可爱的小兔子，别忘记给它也留一根，这会是它最喜爱的食物！

芦荟

再干旱也不怕

除南极洲以外，
世界各大洲都能找到
多肉植物。

芦荟等许多多肉植物能在
极其干旱的环境中生存。

芦荟
Aloe vera

芦荟是一种坚韧的多肉植物，主要产自热带非洲。有些品种的芦荟具有很高的经济价值。

储水能手

芦荟的适应能力很强，它有很多应对干旱难题的小技巧。长期缺水时，芦荟可以将细胞壁折叠，储存水分，等到有水时再展开。

芦荟叶片的边缘长着刺状小齿，能锁住叶片中的水分，减少水分流失。

叶片

芦荟的花开在高高的、没有叶片的茎上。

芦荟的花瓣像一个个小圆筒。

茎

根

从上面往下看，芦荟的叶片排列成莲花座状，这样可以锁住水分，然后把水分送至根部。

滑滑的汁液

在许多地方，人们把芦荟当作药用植物，采集它的汁液制作凝胶、乳液、肥皂、洗发水、药膏等。有些人甚至直接折断芦荟的叶片，把汁液涂在晒伤的皮肤上，这样可以起到舒缓作用，促进皮肤修复。

认识多肉植物

并非所有多肉植物都属于同一个科，但是它们都能在肉质茎或叶片中储存水分，从而在干旱的条件下茁壮成长。

长生草

长生草也叫作"石莲花"，常常长在房顶。

灰岩长生草

巨人柱

这种标志性的仙人掌可以长到12米高！

巨人柱

太匮龙舌兰

太匮龙舌兰生长在墨西哥的沙漠中，用于酿造龙舌兰酒和制作龙舌兰糖浆。

太匮龙舌兰

梨果仙人掌

在墨西哥，人们用梨果仙人掌的肉质茎烹饪佳肴。

梨果仙人掌

仙人掌

所有仙人掌都是多肉植物，但并非所有多肉植物都是仙人掌！大多数仙人掌的叶子已经退化为尖锐的刺，将水分流失降到最低。

筒叶花月

筒叶花月在中国文化中被视为吉祥之物，人们还把它叫作"吸财树"。

筒叶花月

种植属于你的多肉植物

在花盆里建一个小小的沙漠花园,感受一番热带风情吧。

- 在当地的园艺市场购买不同品种的多肉植物,你可以买很多带回家。如果你买的多肉植物没有盆,到家之后你需要尽快把它们分开种下。

- 找一些浅口的陶土或陶瓷花盆,倒入排水性能良好的沙质混合土,轻轻压实。取出你买的多肉植物,分别种到准备好的花盆里。

- 铺上碎石,浇水。

- 你可以用小摆件或浮木来装饰花盆。

- 让你的多肉植物多晒太阳,偶尔给它们浇水。冬天,如果你住的地方比较冷,而你养的多肉品种又不耐寒的话,就需要把花盆挪进屋里。

一些多肉植物的栽培史

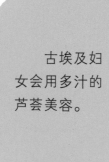

古埃及妇女会用多汁的芦荟美容。

对阿兹特克人而言,多汁植物龙舌兰是长寿和健康的象征。他们将龙舌兰制成饮料,在庆典和宴会上享用。

胭脂虫是一种寄生在仙人掌上的介壳(qiào)虫。阿兹特克人和玛雅人从这种昆虫体内提取色素制成染料,这种染料能染出浓郁的红色。

西班牙人将这种染料和多肉植物从墨西哥带到了欧洲,它们在欧洲尤为珍贵。

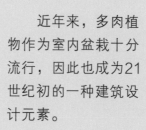

近年来,多肉植物作为室内盆栽十分流行,因此也成为21世纪初的一种建筑设计元素。

茶 树

待客之王

你去做客
时，主人请你
喝茶了吗？

用水冲泡茶叶做
成的茶，是十分受欢
迎的待客饮品。

茶 树
Camellia sinensis

这种植物一年四季都能给人们带来健康和快乐。春天和夏天，人们采摘它芳香的叶子，冲泡一杯温暖的茶；秋天和冬天，人们观赏它美丽的花朵，感叹于它的高雅纯洁。

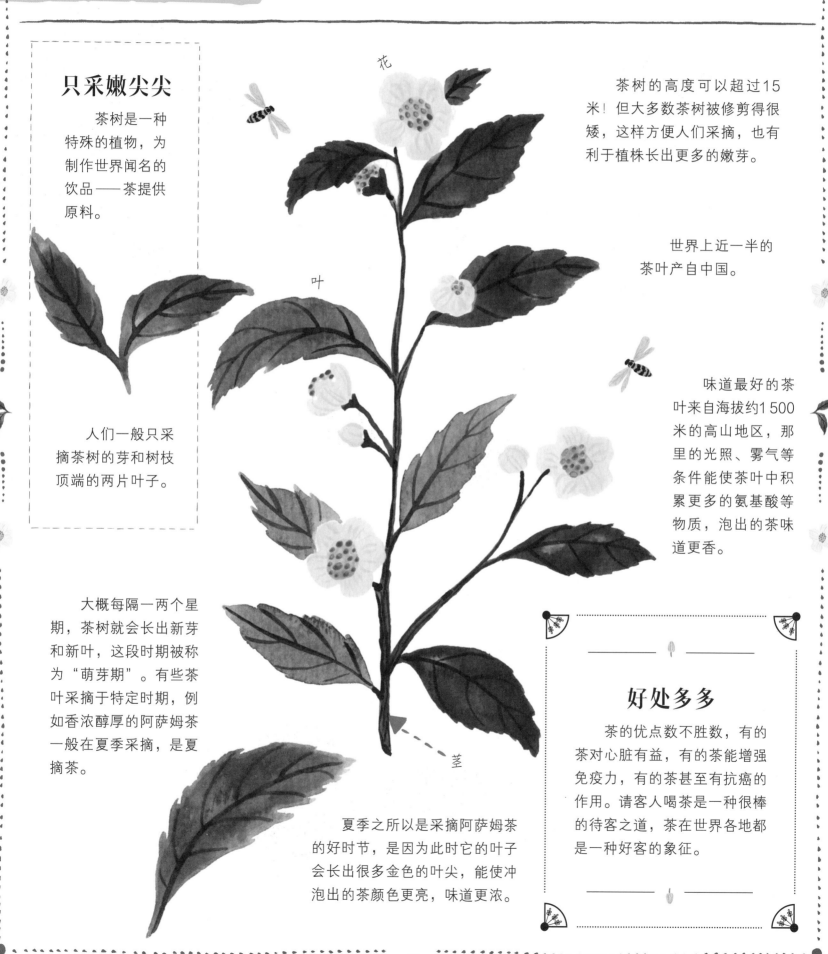

花

叶

茎

只采嫩尖尖

茶树是一种特殊的植物，为制作世界闻名的饮品——茶提供原料。

人们一般只采摘茶树的芽和树枝顶端的两片叶子。

大概每隔一两个星期，茶树就会长出新芽和新叶，这段时期被称为"萌芽期"。有些茶叶采摘于特定时期，例如香浓醇厚的阿萨姆茶一般在夏季采摘，是夏摘茶。

夏季之所以是采摘阿萨姆茶的好时节，是因为此时它的叶子会长出很多金色的叶尖，能使冲泡出的茶颜色更亮，味道更浓。

茶树的高度可以超过15米！但大多数茶树被修剪得很矮，这样方便人们采摘，也有利于植株长出更多的嫩芽。

世界上近一半的茶叶产自中国。

味道最好的茶叶来自海拔约1 500米的高山地区，那里的光照、雾气等条件能使茶叶中积累更多的氨基酸等物质，泡出的茶味道更香。

好处多多

茶的优点数不胜数，有的茶对心脏有益，有的茶能增强免疫力，有的茶甚至有抗癌的作用。请客人喝茶是一种很棒的待客之道，茶在世界各地都是一种好客的象征。

认识山茶科植物

种植属于你的茶树

- 如果你住在温暖的地区，可以在户外种植茶树；但如果你住在气候偏冷的地区，那最好在室内的花盆里种植。

- 春天或秋天，选择温暖湿润的地方，播下种子或种下幼苗。夏天，保证它水分充足。

- 几年后它就会长得比较高了，你可以定期修剪，这也有助于新芽的生长。你还可以尝试将这些新芽制成茶叶！

茶树属于山茶科。但它的大部分近亲都不以茶叶闻名，而是因美丽的花朵被人们熟知。

彩虹茶梅

茶梅
茶梅通常在初秋时节开花，而此时花园里的大部分花都已经开始凋谢了。

山茶
受人喜爱的山茶已经培育出了3 000多个品种。它们主要生长在中国、日本、韩国。在这些国家，山茶在农历新年期间也会开花。

红粉佳人

大多数茶花是白色、深粉色或红色的，或者介于这几种颜色之间。茶花的花朵大而蓬松，香气怡人，因此十分适合作为鲜切花。

波诺米亚娜茶花

波诺米亚娜茶花
这种美丽的山茶花，在晚冬时节开花。

泡一杯茶只需要10～30片茶叶，也就是一茶匙的量。

茶叶的种类很多。采用不同的加工方式制成的茶叶，可以泡出不同口味和颜色的茶。

茶树的栽培史

今天，世界上品质最好的一部分茶产自印度的大吉岭地区。大吉岭位于喜马拉雅山麓（lù），海拔约2100米。

茶叶含有咖啡因，饮茶可以提神。

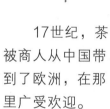

17世纪，茶被商人从中国带到了欧洲，在那里广受欢迎。

中国是最早种植茶树的国家，已经有数千年的种茶历史，以茶待客的传统延续至今。

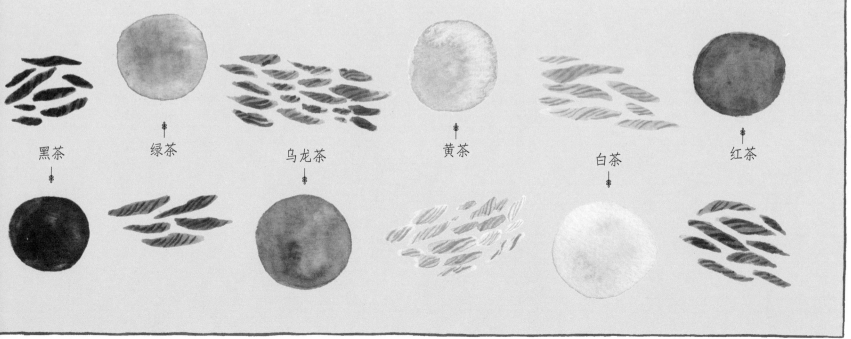

黑茶　　绿茶　　乌龙茶　　黄茶　　白茶　　红茶

枫 树

雄伟、坚韧又美丽

树木给予其他生命以能量，为它们提供氧气和食物，也为它们遮挡烈日骄阳。

高大的树木需要很长的时间才能长成。一棵雄伟的枫树可能已经200岁了，甚至更老。

枫 树
Acer spp.

北半球最具代表性的枫树是糖槭（qì），它因形状独特的叶子和能制成美味糖浆的树液而广为人知。好东西总是会留给有耐心的人，因为要等到糖槭十几岁时，它的树液才能采割。

枫树粗壮高大，比如糖槭可以长到30米高。

让果实飞一会儿

枫树的果实长着一对"翅膀"，叫作"翅果"。它从树上落下来时会在空中飞旋，因此也经常被叫作"旋鸟""翼果""枫树钥匙"。

树枝

树干

秋天，广袤的枫树林变得色彩斑斓，甚至从太空中都可以看到这一壮观景象。

枫叶有裂片和清晰的叶脉，很像人的手掌，因此也叫"掌状叶"。

叶

糖 浆

糖槭的树液可以用来制作枫糖浆，这是"糖槭"名字的由来。枫糖浆根据颜色分级，颜色越深，味道就越浓。

茎

枫叶是对生的，叶子总是在茎的两侧相对生长。

认识无患子科植物

枫树其实是一些无患子科植物的泛称。无患子科植物遍布世界各地，其中有些你可能还认识呢！你吃过的荔枝和龙眼（桂圆）都是无患子科植物的果实。

鸡爪槭

小而优雅的鸡爪槭，因美丽的深红色叶子而深受人们喜爱。

无患子

无患子的果实含有天然的清洁成分，遇水后会产生泡沫，可以当作天然肥皂使用，因此也被叫作"洗手果"。

无患子

荔枝

高大、常青的荔枝树，结的果实甜美多汁，外面包裹着红色的硬质果皮。

神奇的名字

在中国古代，人们认为用无患子树的树干做成的木棒有神奇的力量，可以用来驱魔，赶走邪恶的东西，"无患子"这个名字由此而来。

种植属于你的迷你枫树林

枫树其实很容易用种子种出来，但花费的时间可能比你预期的要长，所以你必须要有耐心，遵循大自然的规律。

欧洲七叶树

七叶树

七叶树会在春天开出白色的花朵，在秋天结出坚果状的种子。

枫树的栽培史

北美洲的原住民发现可以采割枫树的树液，制作枫糖浆，还发现枫树有许多其他用途。

在我国唐代，再现自然景观的盆景被视为一门独立的艺术。

后来，日本人对盆景艺术进行了改造，并常常将日本红枫作为盆景树种。

自18世纪以来，枫叶一直是加拿大的象征。1965年，火红的枫叶成为加拿大国旗的重要元素，代表力量和顽强的生命力。

- 秋天，枫叶变红，种子成熟。你可以把种子播撒在花盆里。轻轻地用土盖上，小心地给它们浇水。

- 冬天，需要把花盆摆放在室外或较冷的地方3个月。

- 春天，你会看到花盆里冒出幼苗。这时就要采取保护措施，以防小动物把枫树幼苗吃掉。

- 到了夏天，小枫树们慢慢长大，要定期给它们浇水。

只要有足够的耐心，就会看到它们长成美丽的枫树。你可以把它们分种到不同的盆里，这样它们就有了足够的生长空间。但即使不把它们分开，这些枫树也能在同一个花盆里一起生长好多年。

竹 子

浑身是宝

很少有植物能像竹子一样有如此多的用途。

竹笋（竹子的嫩芽）可以做成美味的食物；竹叶可以入药；竹秆可以用作燃料，制作成纸张，加工成衣服，变成工具，甚至当作建材建造房屋……在竹子的用途上，你可以尽情发挥想象力！

竹 子
Bambusoideae

大多数人想到禾本科植物时，脑海里浮现的可能是水稻、小麦或田野间无名的小草，但禾本科植物的种类远不止于此，竹子就是一个很好的例子！

大熊猫

一提到竹子，就让人想到大熊猫。一只成年大熊猫每天要吃约12~38千克的竹子！

竹节间

竹叶

竹节

竹秆

竹子是地球上生长最快的植物之一。有的竹子每小时可以长高4厘米！

竹枝

嫩嫩的竹笋去皮、煮熟后就可以食用。

建筑材料

竹子是理想的建筑材料，它又长又直，而且是空心的，很轻，方便搭建。

它还能承受巨大的压力，弹性和防水性也很好。

竹子还可以制成筷子和餐盘。你可以用竹筷夹取盛在竹盘里的炒竹笋，这可是真正的全竹宴呀！

认识禾本科植物

禾本科植物种类繁多，几乎全世界的陆地上都能找到它们的身影，甚至在南极洲也有生长！禾本科植物是非常重要的一类植物，为我们提供了大米、玉米等谷物，以及绿绿的草坪、甜甜的蔗糖。

小麦

小 麦
麦粒被磨成面粉，用来制作馒头、面包等食物。

甘 蔗
甘蔗生长在气候温暖的地方。我们吃的甜点和糖果中的糖大多来自甘蔗。

你可以从甘蔗地里砍下一截甘蔗，把皮削掉，品尝茎秆里甜甜的汁水。

甘蔗

基因改造
世界上大多数文明的发展都离不开谷物。科学家大量地研究转基因技术，希望能通过这种技术增强谷物的抗病性，提高产量。

水稻

大 米
大米实际上是水稻这种植物去了壳的籽实，它是人类最重要的粮食之一。

禾本科植物的栽培史

小麦、燕麦、玉米、糙米等谷物晒干后，更易于储存和运输。

古希腊人和古埃及人会在船上装满谷物和其他货物，运到大型集市进行交易。而美洲的原住民会交易玉米等谷物。

在中世纪的欧洲，拥有草坪是家庭富裕的象征，这些草坪往往占据了大片土地。今天，西方家庭仍然喜欢在花园里铺草坪。

据说印度人最早从甘蔗中提炼出结晶糖。

后来，殖民者将甘蔗引入加勒比地区。在那里，有大量黑人作为劳动力，糖的生产逐渐变成一个庞大的产业。

种植属于你的爆裂玉米，做成爆米花

爆裂玉米是一种有趣的禾本科植物，好种还好吃！但请注意，如果你将爆裂玉米和普通的甜玉米种在一起，它俩会交叉授粉，最终结出无法爆开的玉米粒。

- 春末时节，当室外温度在10摄氏度左右时，将玉米种子按30~40厘米的间距种到地里，播种深度为3~5厘米。

- 如果条件允许的话，种上4排玉米种子，排与排之间间隔40~60厘米。这样玉米能更好地授粉，长出颗粒饱满的玉米棒。

- 适当浇水。3~4个月后，当玉米棒慢慢变得饱满，外皮开始干燥时，就可以采收了。

- 把玉米棒的外皮剥掉，晾晒几周，彻底干燥后就可以剥下玉米粒做爆米花啦！

南瓜

农作物的好伴侣

一提到南瓜，很多人就会想到灰姑娘的南瓜马车。南瓜变成的马车，载着灰姑娘实现了舞会梦。

虽然南瓜马车只陪伴了灰姑娘一个晚上，但在整个生长季节中，南瓜一直是其他农作物的好伴侣。

南 瓜
Cucurbita moschata

人们发现，如果将南瓜和其他农作物种在一起，它们就可以相互帮助，提高农作物的产量。这种混合栽种农作物的方式叫作"套种"。

南瓜都是一样的吗？

从植物学上讲，并不是！南瓜属植物有中国南瓜、笋瓜、西葫芦等。对于西方的园丁和厨师而言，他们所说的南瓜往往指笋瓜，也叫作"冬南瓜"，是一种硬皮瓜。

雌花

雌花

卷须

茎

叶

南瓜的果肉是人们最常食用的部分。

果实

南瓜和其他同类植物一样，都长着藤蔓（wàn）。

南瓜其实也是水果，它的果皮包着果肉，果肉包着种子。

种子

秋天，美味的南瓜派让人们欢聚一堂，共享收获的甜蜜滋味。

南瓜的种子、叶子和花也都可以食用。

三姐妹

北美洲的原住民将南瓜、菜豆和玉米称为"三姐妹"。他们发现，将这3种作物套种有利于它们的生长。玉米秆可以变成菜豆爬藤的支架；菜豆将氮固定在土壤中，给玉米提供养分；而南瓜叶则给土地铺上一层"地毯"，能保持土壤中的水分，同时防止害虫入侵。

认识葫芦科植物

南瓜属于著名的葫芦科，黄瓜和葫芦都是它的近亲。葫芦科植物是人类最早栽培的植物之一。

西瓜

西瓜原产于非洲，约90%都是水，因此也叫"水瓜"。

黄瓜

黄瓜可以生吃，也可以腌制。常见的黄瓜是有籽的，也有人工培育的无籽黄瓜。

黄瓜

○

甜瓜

哈密瓜、白兰瓜等所有种类的甜瓜，都属于葫芦科。

○

葫芦

葫芦的形状像个水壶，晒干掏空后可以用来装水或酒，对半剖开后还可以当作水瓢。

葫芦

种植属于你的南瓜

南瓜有许多品种，但种起来其实大同小异。你可以把种出的南瓜做成美味的南瓜饼，或者雕刻成有趣的南瓜灯。如果你的种植技术足够高超，你甚至可以尝试创造世界纪录，种出世界上最大的南瓜。

● 在天气渐渐转暖，不会再出现霜冻的时候，把南瓜种子播撒在地里。如果想在室内种植，就可以早点播种。不管是种在室外，还是种在室内，只要精心呵护，你的南瓜就会结出美味的果实。

南瓜的栽培史

据说大约9 000年前，居住在墨西哥高原上的人最早开始栽培南瓜。

南瓜可以长期储存，因此成为整个美洲原住民重要的食物来源。

爱尔兰移民发明了南瓜灯，在夜晚行路时用它驱赶邪灵。

过万圣节时用到的灯笼最初是用萝卜雕刻的，但现在，南瓜灯取代萝卜灯成了万圣节的象征。

欧洲人乘坐"五月花号"来到北美洲后，开始用不同的方式烹饪南瓜。据记载，1796年就有了和现在的做法十分相似的南瓜派。

- 根据南瓜的品种，为藤蔓的伸展预留足够的空间。如果藤蔓长得太拥挤，南瓜容易遭受病虫害，长不好。

- 如果你没有花园，可以在一个大花盆里种南瓜。通常，直径为50厘米的花盆就足以容纳一棵南瓜。不过最好还是选择植株较小的南瓜品种来种。

- 南瓜喜欢阳光充足、通风良好的环境。夏季需要定期浇水，还要常常施肥，因为它们需要大量的养分。

- 从播种到南瓜成熟，大概需要100多天。这段时间对你来说也许有些久，但万物生长自有规律，时间到了，它们就会带给你惊喜。

兰花

美丽
与伪装并存

兰花或许是你能
见到的最奇特且充满
异域风情的花了。

有些兰花异常美丽，
有些没那么美，但这些非
凡的花都在大自然中扮演
着十分重要的角色，甚至
是有些"狡猾"的角色。

兰花
Orchidaceae

经过数百万年的演化，有些"狡猾"的兰花能开出与动物外形十分相似的花朵，让动物误以为它们是潜在的伴侣，从而前来为它们传粉。

百万分之一

仅在一个兰花果实里，就可能藏着上百万粒小种子。但在野外，大多数兰花的生长依赖一种特殊的真菌，因此这些种子必须落在合适的地方才有机会萌发长大。

兰花是一种古老的花，有人认为它在白垩纪晚期就已经出现了。

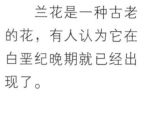

巴西、新加坡、伯利兹等国家将兰花奉为国花。

果实

花

茎

模仿大师

兰花是模仿的高手。比如图中的蜂兰，它能开出与雌蜂外观相似的花朵，诱使雄蜂前来为它传粉。

有的兰花从播种到开花，需要长达8年的时间！

叶

合蕊柱

花瓣

唇瓣

萼片

块茎

认识兰科植物

兰科有约25 000个物种，它和菊科是规模最大的两个开花植物科。许多兰科植物喜欢温暖潮湿的环境，但也有一些生长在没那么热的地方。

香荚兰

杓兰

因长着拖鞋状的唇瓣，杓（sháo）兰也被叫作"女士的拖鞋"。

杓兰

香荚兰

香荚兰的荚果状果实风干后被称为香草豆，能从中提取天然香草成分。

对称性

如果你在兰花的中央画一条线，那么左侧会是右侧的镜像，这在植物学中称为"两侧对称"。

鹭兰

因为外观像一只展翅飞翔的白鹭，这种兰花得名鹭兰。

鹭兰

黄蜂兰

这种兰花看上去就像是一只黄蜂，能把"同伴"吸引过来，为它传粉。

黄蜂兰

兰花的栽培史

人们发现了一块4 500万～5 500万年前的琥珀化石，里头包裹着昆虫和兰花的花粉。

清幽的兰花是我国古代绘画和诗歌艺术中的经典形象。

在英国的维多利亚时期，兰花成为社会地位的一种象征。受雇的采花人踏上危险的旅程，只为将兰花带回欧洲。

令人遗憾的是，由于过度采集，一些野生的兰花物种已经灭绝。

现代种植技术让兰花的生长速度大大加快，满足了人们对兰花的需求。

种植属于你的兰花

你自己的"兰花栽培史"，可以从养一株蝴蝶兰开始。18世纪50年代，一位植物学家在爪哇发现这种花时，把它误认成了蝴蝶，它因此得名蝴蝶兰！

● 用种子种兰花十分困难，还是买一株兰花更实际。

● 了解兰花的原生环境很重要，要想办法在家里创造相似的条件。不同的兰花需要不同的照料才能茁壮生长。

● 蝴蝶兰原产于东南亚，是适应性比较强的一种兰花，可以在温和的光照和适宜的温度条件下生长。

● 蝴蝶兰是附生植物，它们在野外生长时不会在土壤中生根，而是附着在树干和树枝上生长。你在种植蝴蝶兰时，需要将它们种在树皮或苔藓中。

● 在野外，兰花有树木的冠层为它遮阴，所以不需要太多水分。同样，你种的兰花每星期浇一次水（冬季每隔一星期浇一次）就可以了。把它放在有阳光的地方，静待花开吧！

术语表

侧芽：在分枝侧面形成的芽。

顶芽：位于植株主茎和枝梢顶端的芽。

堆肥：把杂草、落叶、果皮等堆积起来制成的肥料，富含营养物质。

多年生植物：能连续生存两年以上的植物。

萼片：环列在花的最外轮的叶状薄片，一般是绿色，有些植物的萼片和花瓣很像。

附生植物：不生长在地上，而是附着在其他植物上生长的植物。

副花冠：花冠上或介于花冠与雄蕊间的附属物。

果肉：植物果实肉质化的部分。

果实：通常由植物子房发育而成的器官，内含种子。

花托：花梗顶端长花的部分。

花序：花在花轴上排列的方式。

介壳虫：一种寄生于植物枝干和叶子上的极小的昆虫，多为害虫。

抗生素：一种能杀死或抑制微生物的药物。

抗氧化剂：阻止氧化损害的一类物质。

块茎：由地下茎末端膨大形成的块状肉质茎。

鳞茎：洋葱等植物有肉质鳞叶的短缩的地下茎。

木质素：构成植物细胞壁的成分之一。

气生植物：不需要土壤，生长所需的水分和营养全部来自空气的植物。

扦插：一种培育植物的方法。小心剪取植物的茎、芽等，插入土或水中，繁殖成新植株。

授粉：花粉从雄蕊花药传到雌蕊柱头上的过程。

树液：树木体内的汁液。

水培法：在含有营养元素的溶液中培养植物的方法。

突变：基因的结构或性状表现发生变化。

纤维素：植物细胞壁的主要成分，对植物体有支持和保护作用。

鲜切花：从活体植株上切取下来的具有观赏价值的花朵或枝叶。

香草：用于调味或给其他东西添加香味的植物。

香料：在常温下能发出芳香的有机物质，也指含有这些物质的东西，比如某些植物的花、叶、果实等。

芽：植物的幼体，可以发育成花或枝叶。

叶脉：叶片上可见的脉纹，起输送水分、养料和支撑叶片的作用。

杂交：不同种、属或品种的动物或植物进行交配或结合。

真菌：主要靠孢子繁殖的异养生物，自成一界。

转基因：将基因从一种生物体内转移并稳定整合到另一种生物体内。

子叶：在胚中最早形成的叶子。

植物的分类

植物和所有生物一样，有一个从大到小的分类系统。下面用番茄举例说明植物界的物种是如何分类的。

界——植物界（植物）
门——被子植物门（开花植物）
纲——木兰纲（开花植物）
目——茄目（开花植物）
科——茄科
属——茄属
种——番茄

每个物种都有各种各样的细分品种，比如樱桃番茄和牛排番茄就都属于同一种植物——番茄。

图书在版编目（CIP）数据

万物生长：平凡日常里的非凡植物 /（菲）里兹·
雷耶斯文；（英）萨拉·博卡奇尼·梅多斯图；邓早早
译. — 西安：西安出版社，2023.12（2024.6重印）
ISBN 978-7-5541-7016-8

Ⅰ. ①万… Ⅱ. ①里… ②萨… ③邓… Ⅲ. ①植物—
普及读物 Ⅳ. ①Q94-49

中国国家版本馆CIP数据核字（2023）第163324号
著作权合同登记号：陕版出图字25-2023-022

万物生长 平凡日常里的非凡植物
WANWU SHENGZHANG PINGFAN RICHANG LI DE FEIFAN ZHIWU

［菲］里兹·雷耶斯 文 ［英］萨拉·博卡奇尼·梅多斯 图 邓早早 译

图书策划 孙肇志	**责任编辑** 朱 艳
封面设计 卢 晓	**特约编辑** 李轶浓 孙 菲
美术编辑 卢 晓	

出版发行 西安出版社
地址 西安市曲江新区雁南五路1868号影视演艺大厦11层（邮编710061）
印刷 上海中华印刷有限公司
开本 787mm×1092mm 1/8 **印张** 8
字数 147.4千字
版次 2023年12月第1版
印次 2024年6月第3次印刷
书号 ISBN 978-7-5541-7016-8
定价 78.00元

出品策划 荣信教育文化产业发展股份有限公司
网址 www.lelequ.com **电话** 400-848-8788
乐乐趣品牌归荣信教育文化产业发展股份有限公司独家拥有
版权所有 翻印必究